獻給所有為關心老鷹生存而付出的人

小鷹與老鷹

文 黃郁欽　　圖 陶樂蒂

我是小鷹，我喜歡老鷹，
我喜歡看老鷹在天空飛翔。

爸爸和媽媽希望我以後可以
像老鷹一樣，飛得好高好高。

他們也希望我以後可以像老鷹一樣，
看得好遠好遠。

我呀！最喜歡跟爸爸一起，
看著老鷹在藍藍的天空中飛翔，
發出響亮的叫聲。

你看！
這是老鷹的寶寶，
是不是很可愛？
我們都是小鷹，
可是……

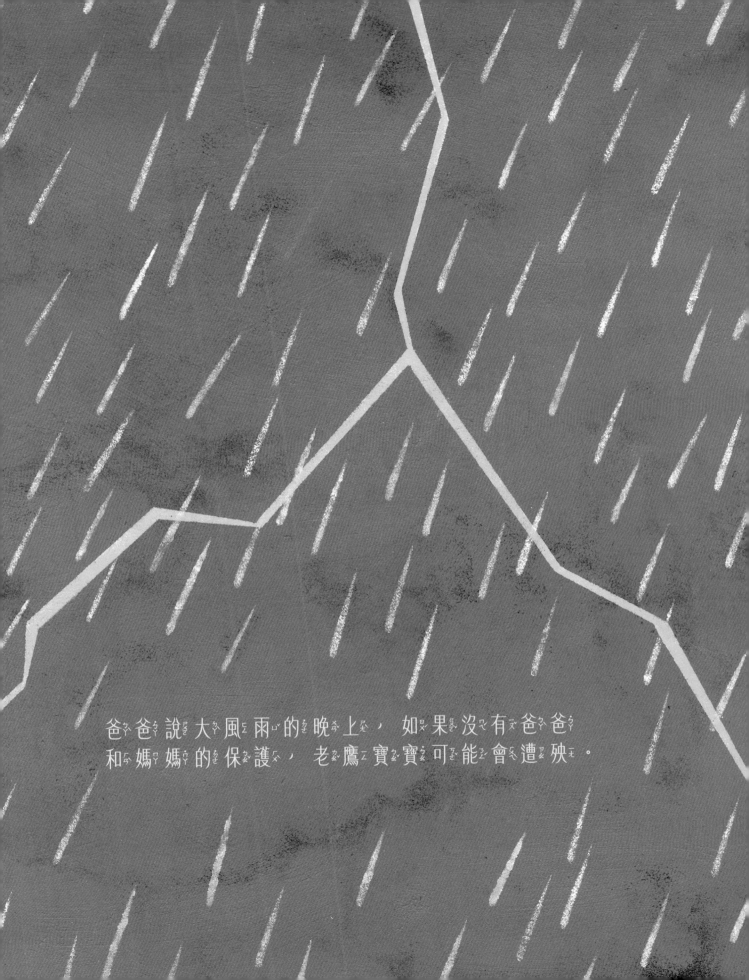

爸爸說大風雨的晚上，如果沒有爸爸和媽媽的保護，老鷹寶寶可能會遭殃。

天气好的時候,　我們可以看到
老鷹俯衝玩耍,　玩著他們找到
的小東西。

最近，我和爸爸到老鷹常常出沒的森林，
但是卻發現森林變得越來越小，
老鷹的家不見了，也都看不見老鷹了。

田裡也常常有被毒死的小動物，
萬一老鷹吃了，會不會中毒呢？

爸爸和媽媽曾帶我出國玩，
國外的老鷹多得好像麻雀一樣。

國外的老鷹在港邊玩耍、抓魚。

那裡就算是人多車多
的大城市，
也看得到好多老鷹
飛來飛去，
為什麼？

老鷹，如果你會說話就好了，
你一定會告訴我很多我不知道的事。

很ㄏㄣ多ㄉㄨㄛ真ㄓㄣ正ㄓㄥ重ㄓㄨㄥ要ㄧㄠ的ㄉㄜ事ㄕ。

希望我們的老鷹可以跟我一樣，
自由自在，快樂的生活。

我是小鷹，我最喜歡老鷹。

第一次注意到老鷹，是有一年在日本的能登半島海邊，看到天空滿滿的老鷹飛翔著，他們的身影和叫聲，突然讓我意識到，臺灣似乎很久不曾看過這樣的景象。我的心中充滿疑惑，為什麼老鷹會變得這麼稀有？是因為臺灣已經太過都市化，不適合他們居住了嗎？

　　這個疑問在看完《老鷹想飛》這部紀錄片之後，才豁然開朗。臺灣老鷹數量的減少，其實是很多因素造成，包括土地開發，還有田間小動物遭到毒殺，讓獵食他們的老鷹跟著失去生命、甚至垃圾好好的焚燒掩埋之後，也讓他們失去許多覓食的機會，影響生存。

　　其實這個議題不只是攸關老鷹生態和老鷹的生存。試想一個不適合動物活下來的環境，又怎麼會適合人呢？因此這個繪本希望透過一個叫做小鷹的男孩，從他的眼跟他的口，引領著我們看到老鷹所面對的問題。小男孩和老鷹的寶寶，都是小鷹，雖然各自生活，但其實都同樣面對著未來嚴苛的環境。

　　土地開發讓老鷹失去棲地，但同樣的，我們也要面對過度開發後帶來的土石流和水患；而農藥過度的使用，表面上是老鷹吃了遭毒殺的老鼠受害，可是我們不也把殘留毒物的食物吃下肚子？

　　思考是解決問題最好的方法，希望大家看完繪本，可以出去走走，想想我們應該做些什麼？可以做些什麼？即使是一個小男孩，就算只有小小的力量，可是有更多人關心，更多人投入心力，結合許多小小的力量就能集結成更大的能量。我想，這就是繪本裡，老鷹要告訴小鷹的事。

我喜歡老鷹，我喜歡看老鷹在天空飛翔。

　　因為常常在野外觀察老鷹，認識了一群同樣喜歡老鷹的朋友，就這樣我們跑遍臺灣各地山林觀察老鷹，走入老鷹的世界。

　　認識的越多，就發現臺灣這個島嶼上居然記錄過三十四種老鷹，如果牠們都叫做：老鷹，這樣很難跟別人敘述你看到的是哪種老鷹，於是自然學者就將牠們分別命名，其中有一種老鷹名叫做：黑鳶。

　　黑鳶，是一種很特殊的老鷹，喜歡在黃昏時聚集在山邊，這和其他老鷹不一樣；牠們喜歡抓著樹枝、紙片或是塑膠袋，帶到天空中進行輪流拋接的遊戲；喜歡在田間、水邊找尋魚類蛙類或鼠類的活體或腐肉為食；在食物鏈中兼具二級、三級消費者及清除者的角色，在生態系的能量傳遞有重要貢獻。卻也因此常成為環境毒物的受害者，加上棲地被開發及不當獵捕，讓臺灣的黑鳶數量曾低至一百七十五隻。

　　這樣瀕臨滅絕的處境讓黑鳶研究者沈振中老師非常憂心，他四處奔走疾呼，促成社會各界重視黑鳶保育及研究工作。多年努力之下，臺灣黑鳶族群數量近年也穩定回升，這個過程由梁皆得導演耗費二十三年的時間記錄，拍攝成《老鷹想飛》一片，在二〇一五年十一月院線上映。

　　結束院線後，老鷹想飛總策劃何華仁更發起《老鷹想飛全台飛透透》行動，向各界募款由台灣猛禽研究會將這部影片帶到全臺各地偏鄉學校、社區播映，促使社會大眾重視土地環境與我們共生的所有生物。這樣的行動也引起政府單位重視，相繼停辦滅鼠週、停用農藥加保扶等措施，避免二次毒害老鷹及其他動物；帶動消費者關注並檢視農產品用藥安全的問題。

　　繪本就像是為兒童提供探索世界的說明書，呈現這世界繽紛多樣的生態。樂見親近自然與本土生物的繪本蓬勃發展，開拓小朋友們關懷環境的視野。

張宏銘

台灣猛禽研究會前秘書長／老鷹想飛全台飛透透專案講師

小鷹與老鷹

文｜黃郁欽
圖｜陶樂蒂

責任編輯｜陳毓書 美術設計｜蕭旭芳 行銷企劃｜王俐珽
發行人｜殷允芃 創辦人兼執行長｜何琦瑜
總經理｜王玉鳳 總監｜張文婷 副總監｜黃雅妮 版權專員｜何晨瑋
出版者｜親子天下股份有限公司
地址｜台北市 104 建國北路一段 96 號 11 樓
電話｜（02）2509-2800 傳真｜（02）2509-2462
網址｜ www.parenting.com.tw
讀者服務專線｜（02）2662-0332 週一～週五：09:00~17:30
傳真｜（02）2662-6048 客服信箱｜ bill@service.cw.com.tw
法律顧問｜瀛睿兩岸暨創新顧問公司
總經銷｜大和圖書有限公司 電話：（02）8990-2588
出版日期｜2019 年 5 月第一版第一次印行
定價｜300 元 書號｜ BKKP0233P ISBN ｜ 978-957-503-397-2 （精裝）

訂購服務────────────────
親子天下 Shopping ｜ shopping.parenting.com.tw
海外 ・ 大量訂購｜ parenting@ service.cw.com.tw
書香花園｜台北市建國北路二段 6 巷 11 號 電話（02）2506-1635
劃撥帳號｜ 50331356 親子天下股份有限公司

親子天下 Education・Parenting Family Lifestyle

此書每售出一冊，即會有部分版稅捐贈給「台灣猛禽研究會」
（《老鷹想飛》紀錄片出品單位），向臺灣研究猛禽的團隊與個人致意。